BEI GRIN MACHT SICH IHR WISSEN BEZAHLT

- Wir veröffentlichen Ihre Hausarbeit, Bachelor- und Masterarbeit

- Ihr eigenes eBook und Buch - weltweit in allen wichtigen Shops

- Verdienen Sie an jedem Verkauf

Jetzt bei www.GRIN.com hochladen und kostenlos publizieren

GRIN

Patrick Schuller

Das DIN A4 Blatt und sein Umfang

GRIN Verlag

Bibliografische Information der Deutschen Nationalbibliothek:

Die Deutsche Bibliothek verzeichnet diese Publikation in der Deutschen National-
bibliografie; detaillierte bibliografische Daten sind im Internet über http://dnb.d-
nb.de/ abrufbar.

Dieses Werk sowie alle darin enthaltenen einzelnen Beiträge und Abbildungen
sind urheberrechtlich geschützt. Jede Verwertung, die nicht ausdrücklich vom
Urheberrechtsschutz zugelassen ist, bedarf der vorherigen Zustimmung des Verla-
ges. Das gilt insbesondere für Vervielfältigungen, Bearbeitungen, Übersetzungen,
Mikroverfilmungen, Auswertungen durch Datenbanken und für die Einspeicherung
und Verarbeitung in elektronische Systeme. Alle Rechte, auch die des auszugsweisen
Nachdrucks, der fotomechanischen Wiedergabe (einschließlich Mikrokopie) sowie
der Auswertung durch Datenbanken oder ähnliche Einrichtungen, vorbehalten.

Impressum:

Copyright © 2010 GRIN Verlag, Open Publishing GmbH
Druck und Bindung: Books on Demand GmbH, Norderstedt Germany
ISBN: 978-3-640-98416-9

Dieses Buch bei GRIN:

http://www.grin.com/de/e-book/176987/das-din-a4-blatt-und-sein-umfang

GRIN - Your knowledge has value

Der GRIN Verlag publiziert seit 1998 wissenschaftliche Arbeiten von Studenten, Hochschullehrern und anderen Akademikern als eBook und gedrucktes Buch. Die Verlagswebsite www.grin.com ist die ideale Plattform zur Veröffentlichung von Hausarbeiten, Abschlussarbeiten, wissenschaftlichen Aufsätzen, Dissertationen und Fachbüchern.

Besuchen Sie uns im Internet:

http://www.grin.com/

http://www.facebook.com/grincom

http://www.twitter.com/grin_com

Ausführlicher Unterrichtsentwurf zum Thema

Das DIN A4 Blatt und sein Umfang

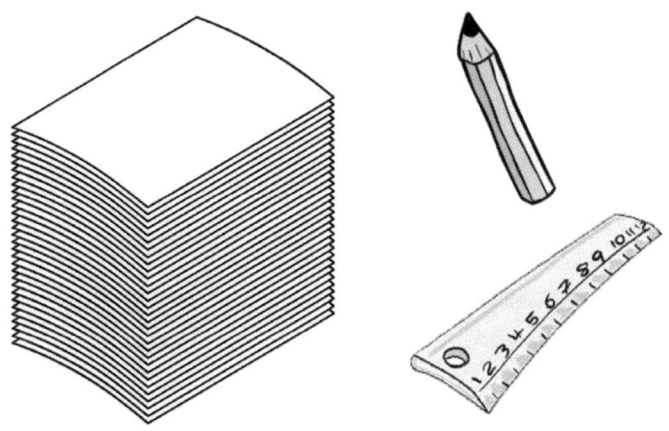

Name:	XXX
Schule:	GHRS XXX
Klasse:	4c
Fach:	Mathematik
Mentorin:	XXX
Datum:	09.07.2010, 9.05 - 9.50 Uhr

Inhaltsverzeichnis

1 Bedingungsanalyse

1.1 Die Schule

Die XXX ist eine Grund-, Haupt- und Realschule mit derzeit 551 Schülern. Das Einzugsgebiet für die Grundschule umfasst lediglich die Ortschaft XXX, wobei Schüler von der Hauptschule auch aus den umliegenden Ortschaften XXX und XXX sowie Schüler von der Realschule auch aus den Orten XXX, XXX, XXX und XXX, diese Schule besuchen. Die Lage auf der Schwäbischen Alb, mit einer Entfernung von etwa 20 km zur Stadt XXX, kann als ländlich und ruhig bezeichnet werden.

Die Grundschule setzt sich aus fünf Klassen mit insgesamt 116 Schülern zusammen, was einem Durchschnitt von 23,2 Kindern pro Klasse entspricht.

Räumlich besteht die Schule aus mehreren Gebäuden, in denen die verschiedenen Schularten untergebracht sind. Im Gebäude B2, in dem die Klasse 4c unterrichtet wird, befinden sich vier Klassenzimmer, eine Küche sowie Lehrer- bzw. Schülertoiletten.

Der Klassenraum der Klasse 4c ist groß genug, sodass vor der Tafel ein Sitzkreis oder, speziell für Gruppenarbeiten, ein weiterer Arbeitsplatz eingerichtet werden kann. Des Weiteren befindet sich vor dem Klassenzimmer ein Gruppentisch.

1.2 Zur Situation der Klasse

Die Klasse 4c besteht aus insgesamt 24 Kindern, davon 10 Mädchen und 14 Jungen. Als Besonderheit ist hervorzuheben, dass in den letzten Monaten drei neue Schüler in die Klasse gekommen sind, jeweils bedingt durch unterschiedliche Motive.

Der Leistungsstand der Klasse ist als durchschnittlich einzustufen, was auch die gleichmäßige Verteilung der Grundschulempfehlungen auf Haupt-, Realschule bzw. Gymnasium unterstreicht.

Speziell im Fach Mathematik lassen sich große Leistungsunterschiede feststellen. Es gibt einige Schüler, die sehr lange brauchen, bis sie mit einer Aufgabenstellung beginnen und dann auch Schwierigkeiten haben, sie konzentriert zu beenden. Andere Kinder wiederum sind sehr schnell konzentriert und bearbeiten die gestellten Aufgaben in hohem Tempo.

Einige Jungen in dieser Klasse haben im sozialen Miteinander noch gewisse Schwächen, was sich durch Petzen oder laute Unmutsäußerungen im Unterricht darstellt. Gerade in Gruppenarbeitsphasen kommen diese Abneigungen gegeneinander zum Vorschein, was zu einer Verweigerung der Arbeit und Unruhe im Klassenraum führen kann.

Bezogen auf das Thema der Unterrichtstunde, sind die Probleme folgender Schüler besonders hervorzuheben. So haben XXX W. und XXX S. oftmals Schwierigkeiten, sich Dinge vorzustellen. Dadurch neigen sie schnell dazu, die Lust zu verlieren. XXX W. hingegen könnte aufgrund ihrer schwachen Deutschkenntnisse Probleme mit Gruppenarbeitsphasen haben. Durch das fehlende Vokabular fällt es ihr schwer, ihre Ideen zu formulieren und sie kann oftmals keinen Beitrag zur Diskussion leisten, was dazu führen kann, dass sie sich vom Unterrichtsgeschehen völlig zurückzieht.

2 Sachanalyse

2.1 Der Umfang

In der Mathematik ergibt sich „der Umfang einer beliebigen Figur [...] aus der kleinsten zusammengesetzten Strecke, die einmal um das Objekt herumgeführt werden kann."[1] Er wird mit dem Buchstaben U abgekürzt.

Die Berechnungen des Umfangs von Flächen, hier von DIN A4 Blättern, ist die Basis für komplexere Aufgaben in weiterführenden Klassen.

2.2 Das DIN A4 Blatt

Die Bezeichnung DIN ist eine „Abkürzung für Deutsches Institut für Normung e.V., ursprünglich für Deutsche Industrie Norm. Das Institut stellt Normen zur Vereinheitlichung von Bau- und Maschinenteilen, Werkstoffen, Maßen, u. Ä. auf."[2]

1922 wurde die DIN 476 festgelegt, welche die Standardgrößen für Papierformate in Deutschland normiert. Unterschieden werden die gängigen Papierformate von DIN A0 bis DIN A10.

Alle Formate lassen sich durch drei Bedingungen herleiten:

- Alle Formate innerhalb einer Reihe (hier A), sind geometrisch ähnlich.
- Die Halbierung des Formates x_n an der langen Seite ergibt das Format $x_{(n+1)}$.
- Das Format A0 hat einen Flächeninhalt von $F(A0) = 1\ m^2$.

Daraus ergibt sich ein Seitenverhältnis in jedem Format von $\sqrt{2} : 1$. Das entspricht etwa $1{,}414 : 1$.[3] Das in der Unterrichtsstunde verwendete DIN A4 Papier hat die Maße von 210 x 294 mm.

---

[1] Schule 2002 S. 53
[2] Bertelsmann Jugendlexikon S. 135
[3] vgl.: http://de.wikipedia.org/wiki/DIN-A4

3 Didaktische Analyse

3.1 Bildungsplanbezug

Das Stundenthema „Das DIN A4 Blatt und sein Umfang" ist im neuen Bildungsplan 2004 der Grundschule in die „3. Leitidee: Raum und Ebene"[4] integriert. Im Rahmen dieser Leitidee stehen besonders folgende Kompetenzen im Vordergrund:

*   Aufgaben und Probleme mit räumlichen Bezügen konkret und in der Vorstellung lösen
*   Eigenschaften geometrischer Flächen und Formen erkennen und in einfachen Konstruktionen anwenden

Darüber hinaus wird durch die Ergebnispräsentation eine weitere Kompetenz aus dem Bereich der „5. Leitidee: Daten und Sachsituationen"[5] gefördert:

*   Eigene Lösungswege erklären und vorstellen

3.2 Bedeutung des Themas für die Schüler

Das Abmessen und Berechnen von Figuren und ihren Umfängen findet man in vielen Bereichen des Alltags wieder, sodass die Schüler einen direkten Anwendungsbezug erfahren. So kann man beispielsweise den Umfang des Fußballplatzes, des Lehrschwimmbeckens oder auch des Klassenzimmers bestimmen. Es steht jedoch nicht nur das Thema des Umfangs im Vordergrund, es werden auch implizit soziale und motorische Fähigkeiten, wie etwa soziales Verhalten oder auch exaktes Zeichnen mit dem Lineal, geübt.

Ein weiterer wichtiger Aspekt ist, dass in den weiterführenden Schulen die Themen Flächeninhalt und Umfang immer wieder im Bereich der Geometrie behandelt werden, um ebene Figuren oder räumliche Gebilde zu berechnen. Das Messen und Berechnen von Umfängen spielt demnach in der Zukunft, vor allem der Hauptschüler, eine wichtige Rolle, da exaktes Arbeiten sowie zeichnerische Fertigkeiten, gerade in den Ausbildungsberufen, eine Basisqualifikation darstellen.

---

[4] Bildungsplan 2004 GS, S. 61
[5] Bildungsplan 2004 GS, S. 61

3.3 Einbettung der Stunde in die Unterrichtseinheit

DATUM	STUNDENINHALT
21.06.10	Einführung des Flächeninhalts mit dem Geobrett
25.06.10	Berechnung des Flächeninhalts mit dem Geobrett – Vertiefung
28.06.10	Flächeninhalt – Quadratzentimeter, Quadratmeter
08.07.10	Einführung des Umfangs
09.07.10	**Das DIN A4 Blatt und sein Umfang**

3.4 Vorkenntnisse der Schüler

Ich gehe davon aus, dass manche Kinder bereits eine Vorstellung davon haben, was der Umfang einer Fläche ist, jedoch noch keine Kenntnis darüber besitzen, wie man ihn bestimmt.

Durch die Einführungsstunde im Vorfeld des Unterrichtsbesuchs sollte bei fast allen Schülern eine gewisse Grundlage an Wissen zum Thema Umfang erarbeitet worden sein. An diese Erfahrungen anknüpfend, wird das DIN A4 Blatt als Form erkannt und an diesem der Umfang ermittelt.

3.5 Didaktische Reduktion

Den Schülern wird aus der Vielzahl an Materialien und Übungen zum Thema Flächeninhalt und Umfang das DIN A4 Blatt als Arbeitsmaterial an die Hand gegeben. Mit Hilfe dieses genormten Blattes sollen Grunderfahrungen wiederholt und vertieft werden. Dabei wird ausschließlich auf DIN A4 Blätter zurückgegriffen, um sie zur Berechnung von verschiedenen Umfängen zu nutzen. Die Diskussion in der Gruppe als lernförderndes Element wird gegebenenfalls durch Beiträge der Lehrperson unterstützt.

Als Ergebnissicherung erklären die Schüler ihre erarbeiteten Lösungen und stellen diese ihren Mitschülern am OHP vor. Diese Form der Mini-Präsentation stellt eine wichtige Übung und eine Voraussetzung für umfangreichere Präsentationen, wie sie beispielsweise bei Referaten oder Projektvorstellungen in höheren Klassenstufen vermehrt gefordert werden.

3.6 Unterrichtsziele

Abgeleitet aus den Kompetenzen im Bildungsplan 2004 ergeben sich folgende Unterrichtsziele:

Die Schülerinnen und Schüler

- können eine bestimmte Figur mit DIN A4 Blättern legen und den Umfang bestimmen
- können die Ergebnisse und Lösungen ihrer (Gruppen-) Arbeit erklären und vorstellen

4   Methodische Analyse

4.1   Wiederholung des Stundenthemas

Das Interesse der Schüler für das Stundenthema soll, im Hinblick auf die derzeitige Fußball-Weltmeisterschaft, durch ein kleines Fußballfeld geweckt werden, das an die Tafel gehängt wird.

Mit Hilfe des Feldes wird nochmals der Begriff „Umfang" geklärt und durch ein fiktives Beispiel bestimmt. Dabei werden die Schreibweise und die Berechnung wiederholt. Alternativ könnte man auch ohne Wiederholung einsteigen und gleich das „neue" Thema als Einstieg nutzen.

4.2   Organisationsphase

In der Organisationsphase werden die wichtigsten Regeln der Gruppenarbeit nochmals besprochen und in Erinnerung gerufen, denn gerade in dieser Klasse brauchen die Kinder „nicht nur Freiraum für konstruktive und explorative Aktivitäten, sondern auch und zugleich gezielte Hilfen [...] für die Zusammenarbeit in Gruppen."[6]

Der Hinweis auf eine mögliche Ergebnispräsentation soll die Schüler dazu motivieren, sich gegenseitig auszutauschen und sicherstellen, dass jeder die Aufgabe so verstanden hat, um sie anschließend der Klasse vorstellen und erklären zu können. Dies führt optimalerweise zu einer Verantwortungshaltung derjenigen Kinder, die schnell verstanden haben, wie eine Aufgabe zu lösen ist, gegenüber den Mitschülern, denen die zu bearbeitende Aufgabe noch Schwierigkeiten bereitet.

Für dieses Sozialverhalten ist ein gutes und freundschaftliches Gruppenklima nötig, wobei es hier – wie bereits erwähnt – vor allem für die Jungen in der Klasse eine Herausforderung darstellt, einen entsprechenden Beitrag dazu zu leisten.

Verstärkt wird dieses Problemfeld durch die Einteilung der Gruppen per Losentscheid. Ich habe mich jedoch bewusst für diese Art der Gruppeneinteilung entschieden, um diesem Defizit der Klasse entgegenzuwirken und einen entsprechenden Umgang lernen und üben zu lassen.

Mit dem Verteilen der Gruppenplätze wird die Organisationsphase beendet.

---

[6] Eigenverantwortliches Arbeiten und Lernen S. 60

Alternativ könnte man diese, vergleichsweise lange Phase der Organisation zum Beispiel durch eine Lerntheke ersetzen – eine Methode, die nicht so viele Hinweise und Erklärungen erfordern würde.

4.3 Arbeitsphase

In der Arbeitsphase sollen in Gruppenarbeit verschiedene Aufgaben bearbeitet werden. Hierbei gilt der Grundsatz „vom Leichten zum Schweren". Für leistungsschwächere Gruppen sind speziell die Aufgaben 1 - 3 vorgesehen, Gruppen mit einem schnellen Arbeitstempo könnten sicherlich auch bis Aufgabe 4 (5) kommen. Es ist allerdings nicht vorgesehen, dass alle Schüler bzw. alle Gruppen innerhalb einer Schulstunde alle sechs Aufgaben bearbeiten – diese sind nur zur Differenzierung gestellt.

Bei Aufgabe 1 handelt es sich um eine leichte Messaufgabe, in der alle Seiten eines DIN A4 Papiers abgemessen und gerundet werden müssen, um den Umfang zu berechnen.

Für Aufgabe 2 werden zwei Blätter benötigt, die aneinandergelegt werden sollen. Die Frage lautet, ob der Umfang doppelt so groß ist wie der eines einzelnen Papiers. Mit dieser Fragestellung soll eine Gruppendiskussion hervorgerufen werden, die sich nach Möglichkeit auch auf die weiteren Aufgaben überträgt und eine rege Konversation stattfinden lässt.

Auch in der 3. Aufgabe dürfen Vermutungen angestellt werden, die dann handelnd überprüft werden sollen. Hier stellt der „Lehrer" eine Behauptung auf und die „Schüler" sollen überprüfen, ob er damit Recht hat. Diese Art der Vorgehensweise, eine Behauptung zu verifizieren oder falsifizieren, ist eine bedeutende Operation in den Naturwissenschaften.

Aufgabe 4 befasst sich auf den ersten Blick mit einem erstaunlichen Phänomen: Wie kann eine Figur aus nur drei Blättern den gleichen Umfang haben, wie eine Figur mit vier Blättern? Dieser Frage sollen die Schüler durch Ausprobieren nachgehen.

In Aufgabe 5 werden die Schüler dazu angehalten völlig offen der Problemstellung entgegenzutreten, selbst eine Aufgabe zu erfinden, wie sie in Aufgabe 4 gestellt wurde. Hierfür ist eine tiefe Durchdringung der Thematik notwendig und bestenfalls von einer sehr leistungsstarken Gruppe zu leisten.

4.4 Präsentation

Vor der Phase der Präsentation bekommen die einzelnen Gruppen eine Folie mit der Aufgabe, die sie präsentieren sollen. Sie haben Zeit, um ihre Ergebnisse auf die Folien zu schreiben und sie im Anschluss vorzustellen.

Bei der Präsentation werden eine Vielzahl von Kompetenzen trainiert, die es stetig auszubauen gilt. Deshalb ist eine Ergebnispräsentation der Schüler meiner Meinung nach auch einer reinen lehrerzentrierten Aufgabenkontrolle vorzuziehen, die aus Zeitgründen aber oftmals auch ihre Berechtigung erfährt.

5 Verlaufsplanung

Klasse:	Thema:		Fach	
4c	Das DIN A4 Blatt und sein Umfang		Mathe	
Ziele und Kompetenzen:			**Mentorin:** XXX	
• können eine bestimmte Figur mit DIN A4 Blättern legen und den Umfang bestimmen			**Lehrer:** XXX	
• können die Ergebnisse und Lösungen ihrer (Gruppen-) Arbeit erklären und vorstellen				
Zeit:	**Inhaltliche Gliederung:**	**Didaktischer / Methodischer Hinweis:**	**Sozialform:**	**Medien:**
9.05 Uhr	**Begrüßung** - der Kinder + Besuch			
9.07 Uhr	**Wiederholung des Stundenthemas** - Fußballfeld als Fläche mit einem Umfang	Fußballfeld an die Tafel pinnen. „Wer kann mir mal den Umfang des Feldes zeigen?" „Wie groß ist denn der Umfang?"	UG	Tafel, Fußballfeld, Kärtchen
9.10 Uhr	**Arbeitsanweisung** - Erklärung der Sozialform Gruppenarbeit - Ankündigung der Präsentation zum Abschluss - Lose ziehen - Gruppenplätze zeigen	→ Gruppenplätze vorbereiten	Stehkreis	AB, Lose
9.13 Uhr	**Arbeitsphase** - Gruppen bearbeiten die AB	→ 9.30 Uhr: Gruppen mit Folien versorgen	GA	DIN A4 Blätter, AB, Lineal
9.35 Uhr	**Präsentation** - Vorstellung der Aufgaben 1-3 [+ evtl. 4]		Präsentation	OHP, Folien
9.50 Uhr	**Stundenende**	→ AB in grüne Mappe einheften		

6 Literatur

Ministerium für Kultus, Jugend und Sport Baden Württemberg (Hrsg.): Bildungsplan 2004 Grundschule

Varnhorn, B.; Braun, A.: Bertelsmann. Jugendlexikon. Wissen Media Verlag GmbH, Gütersloh/München. 2008

Schule 2002. Grundstock des Wissens für die Sekundarstufen 1 und 2. Serges Medien GmbH, Köln und Oldenburg. 2001

Klippert, H. : Eigenverantwortliches Arbeiten und Lernen. Bausteine für den Fachunterricht. Beltz Verlag, Weinheim und Basel. 2001

Hengartner, E. (Hrsg.): Mit Kindern lernen. Standorte und Denkwege um Mathematikunterricht. Klett und Balmer Verlag, Zug. 1999

Erber, G.: Umfang und Fläche. Quadrate & Rechtecke erfassen und berechnen. Veritas Verlag, Linz. 1998

http://de.wikipedia.org/wiki/DIN-A4, abgerufen am 04.07.2010

7 Anhang

Das DIN A4 Blatt und sein Umfang

ACHTUNG: Runde bei allen Aufgaben die Länge und Breite auf ganze cm!

1. Wie groß ist der Umfang eines DIN A4 Blattes?

Umfang =

2. Legt <u>zwei</u> DIN A4 Blätter wie abgebildet nebeneinander und messt den Umfang der Figur.

Umfang =

Ist der Umfang genau doppelt so groß wie von einem einzelnen Blatt Papier? Versucht eine Begründung zu finden.

_____

_____

_____

3. Euer Lehrer behauptet:
„Der Umfang von zwei aneinanderliegenden DIN A4 Blättern beträgt 162 cm." Hat euer Lehrer damit recht? Zeichnet eine Skizze dazu.
Umfang = 162 cm

4. Euer Lehrer behauptet:

„Es gibt eine Figur aus 4 Blätter, die den gleichen Umfang hat, wie eine Figur aus 3 Blättern!" Zeichnet eine Skizze dazu und berechnet den Umfang.

Umfang =   Umfang =

5. Man kann Figuren aus unterschiedlich vielen Blättern legen, die den gleichen Umfang besitzen. (siehe Aufgabe 5).

Findet ihr noch mehr Figuren mit dieser Eigenschaft?

Lösung:

Nr. 1

Wie groß ist der Umfang eines DIN A4 Blattes?

U = 2 · 30 cm + 2 · 21 cm = 102 cm

Nr. 2

Legt zwei DIN A4 Blätter wie abgebildet nebeneinander und messt den Umfang der Figur.

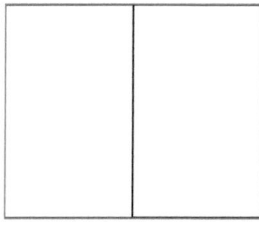

U = 4 · 21 cm + 2 · 30 cm = 144 cm

Ist der Umfang genau doppelt so groß wie von einem einzelnen Blatt Papier? Versucht eine Begründung zu finden.

Nein, da die Seiten in der Mitte nicht mitgerechnet werden.

Nr. 3

Euer Lehrer behauptet:

„Der Umfang von zwei aneinanderliegenden DIN A4 Blättern beträgt 162 cm." Hat euer Lehrer damit recht? Zeichnet eine Skizze dazu.

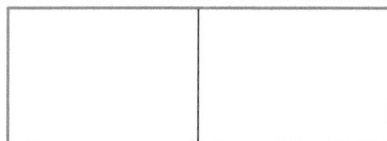

U = 162 cm = 4 · 30 cm + 2 · 21 cm

Nr. 4

Euer Lehrer behauptet:

„Es gibt eine Figur aus 4 Blätter, die den gleichen Umfang hat, wie eine Figur aus 3 Blättern!" Zeichnet eine Skizze dazu und berechnet den Umfang.

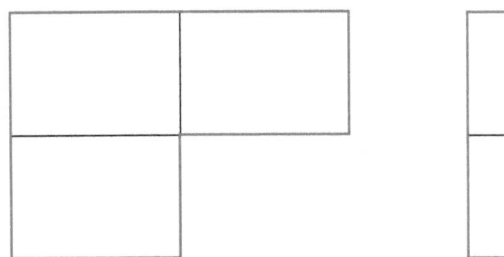 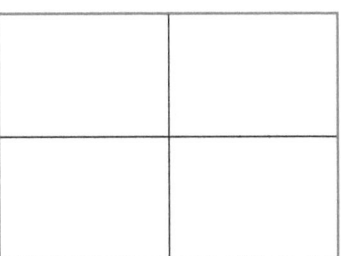

U = 4 · 30 cm + 4 · 21 cm = 204 cm   U = 4 · 30 cm + 4 · 21 cm = 204 cm

Nr. 5

Man kann Figuren aus unterschiedlich vielen Blättern legen, die den gleichen Umfang besitzen. (siehe Aufgabe 5).
Findet ihr noch mehr Figuren mit dieser Eigenschaft?

Bsp:

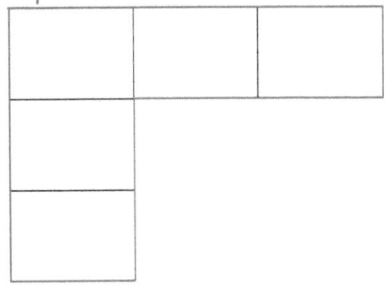